ECRITOPHON - TELEGRAPH

Amis du **PROGRÈS** et des **RÉFORMES** utiles

...graphie universelle commerciale vélocipédique

COMPLÉMENT

A LA LANGUE FRANÇAISE UNIVERSELLE

Langue **fraternelle** de l'Avenir

"Le temps c'est de l'argent"

DONC

Je **donne** de l'argent à tous et, plus précieux que l'argent,
la santé en plus.

ÉCONOMIE DE TEMPS EST DE L'ARGENT,
MOINS DE FATIGUE, DAVANTAGE DE SANTÉ.

PAR

Jacques GUIRAUD

(JAQ GIRO)

Auteur de la *Langue Française universelle*

Langue fraternelle de l'Avenir

16 LANGUES EN UNE SEULE UNIVERSELLE

PARIS

ANCIENNE MAISON QUANTIN

LIBRAIRIES-IMPRIMERIES RÉUNIES

7, rue Saint-Benoît, 7

MAY ET MOTTEROZ, DIRECTEURS

1894

ÉQRITOFONE

Qorespŏdăç par la *Sténografi-Univercel*

ĉ pour *ch*	ȯ pour *oi*	ū pour *ou*	ĭ ponr *in*	ŭ pour *un*
ñ — *gn*	u — *u*	ă — *an*	ŏ — *on*	z liézon
L̈ — *ill*	ú — *eu*	ě — *en*	ȯ — *oin*	**J. G.**

FONOGRAFI: éqrir qom ŏ parl: EQRITOFON

TÉLÉFONE : PAR LÉTR : FOTOGRAFONE

A Monsieur Le Ministre
de l'Instruction-publique
Et des Beaux-Arts.

hommage de l'auteur

Jacques Guiraud

(Jaq (Giro-)

Paris le 9 Juillet 1895,

9. Passage des-eaux, Paris-Passy

Sténographie universelle commerciale vélocipédique

COMPLÉMENT

A LA LANGUE FRANÇAISE UNIVERSELLE

Langue **fraternelle** de l'Avenir

"Le temps c'est de l'argent"

DONC

Je **donne** de l'argent à tous et, plus précieux que l'argent,
la santé en plus.

ÉCONOMIE DE TEMPS EST DE L'ARGENT,
MOINS DE FATIGUE, DAVANTAGE DE SANTÉ.

PAR

Jacques GUIRAUD

(JAQ GIRO)

Auteur de la *Langue Française universelle*

Langue **fraternelle** de l'Avenir

16 LANGUES EN UNE SEULE UNIVERSELLE

PARIS

ANCIENNE MAISON QUANTIN

LIBRAIRIES-IMPRIMERIES RÉUNIES

7, rue Saint-Benoît, 7

MAY ET MOTTEROZ, DIRECTEURS

1894

LANGUE FRANÇAISE UNIVERSELLE[1]

Langue **fraternelle** de l'avenir.

ALPHABET, 25 LETTRES :

A B Ĉ D E F G I J L Ļ
M N Ñ O P Q R S T U V X Z

10 VOYELLES :

Nouveau :   a, e, é, ė, i, o, ȯ, u, ú, ū
Ancien :   »   »   »   »   »   o, oi, u, eu, ou

RÉFORME

NŬVO	ANCIEN	NŪVO	ANCIEN	NŪVO	ANCIEN	NŪVO	ANCIEN
ĉ	pour ch	u	pour u	ă	pour an	ŏ	pour ou
ñ	— gn	ú	— eu	ĕ	— en	ȯ	— oin
ļ	— ill	ū	— ou	ĭ	— in	ŭ	— un
ȯ	— oi					z	liézon z

Plus de **DIPHTONGUE**, toutes les lettres se prononçant.

Écrire comme on parle.

(1) Voir *Grammaire et Fables de La Fontaine.* en **Langue française universelle**; ancienne maison Quantin, May et Motteroz, directeurs, 7, rue Saint-Benoît, Paris.

LA STÉNOGRAPHIE UNIVERSELLE COMMERCIALE
A L'ÉCOLE PRIMAIRE

STÉNOGRAPHIE UNIVERSELLE COMMERCIALE
PAR LA LANGUE FRANÇAISE UNIVERSELLE

En supprimant, dans l'orthographe, la **Diphtongue**, l'obstacle le plus nuisible à la propagation de la langue française... à l'étranger, la langue devient *phonétique* et *sténographiable*.

Je supprime, de plus, dans ma sténographie, les diphtongues *nasales :* an, en, in. on, oin, un,

par ă, ĕ, ĭ, ŏ, ŏ, ŭ,

et remplace les *nasales, n. m,* par ce simple signe ⌣ au-dessus de la voyelle.

Exemples :

ORTHOGRAPHE ACTUELLE	ORTHOGRAPHE UNIVERSELLE	STÉNOGRAPHIE UNIVERSELLE
enfant	anfan	ăfă
indépendamment	éndépandanman	ĕdpădămă
longtemps	lontan	lŏtă

Par les abréviations des diphtongues la langue française devient la plus facile et la plus rapide à apprendre de toutes les langues :

90 0/0 d'économie de temps, de peines et d'argent !

Réforme importante pour l'extension de la langue française.

Hygiène Scolaire
par la Réforme orthographique

50 % d'économie, de temps, de peine, et d'argent !

Plus d'Illettrés !

Jacques Guiraud

Auteur de la Langue-Française-Universelle,
Langue Fraternelle de l'avenir !
+ de l'Éqrito-fon - Téléfo-graf !

9. Passage des-eaux - Paris - Passy.

Plus d'Illettrés !

Téléphone: par télégrammes

Téléphone: chez soi! partout! pour tous!
même pour les sourds–muets!

Téléphone: par lettres,
" à 10 cᵐ, 15 cᵐ, & 25 cᵐ à l'étranger

Téléphone: par Machines-à-écrire

Téléphone: par Télégrammes

Téléphone: par correspondance commerciale,
télépho-graphique.

Par le __timbre-éqrito-fone__, on devient
__téléfo-graf__, instantanémen t!

Exemple:
Le temps c'est de l'argent: 20 lettres

50 % d'économie, de temps, de peine, et d'argent!

Jacques Guiraud
auteur de la Langue-Française-Universelle
« langue __Fraternelle__ de l'avenir!
et de l'__Éqrito-fone__-__téléfo-graf__!

Téléphone : par correspondance commerciale,
Télépho-graphique.

LES DEUX STÉNOGRAPHIES

STÉNOGRAPHIE ÉCRITE   STÉNOGRAPHIE DESSINÉE

Facilité   *Difficulté*

Diminuer ou simplifier une besogne, un travail quelconque
Diminué ū cĕplifié une bzoñ, ŭ traval qelqŏq.

c'est prolonger la vie, la rendre plus agréable à chacun; c'est
c'é prolŏjé la vi, la rădr plu agréabl a ĉaqŭ: c'é

accroître le bonheur humain.
aqrôtr l bonŭr umĕ.

Le temps c'est de l'argent.
L tă c'é d l'arjă.

~~~~~~~~

Jeunes filles, soyez prévoyantes : apprenez la **Sténographie**
Jún fil çŏié prévŏiăt aprné la stnografi

Universelle-Commerciale, avec la machine à écrire :
univercél qomercial avéq la maĉin a eqrir·

c'est le meilleur des diplômes.
c'é 1 mélúr dé diplom.

L'avenir de la femme est là !
l'avnir d la fam é la !

~~~~~~~~

AVANTAGES

DE LA STÉNOGRAPHIE *écrite* SUR LA STÉNOGRAPHIE *dessinée*

1º Signes usuels, compris de suite.
2º Plus, par conséquent, de **transcription**.
3º Télégraphiable; économie de lettres et de temps.
4º Écriture facile en ligne droite (le contraire de la sténographie **dessinée**, trop étendue, en largeur, pour la télégraphie).
5º Tout mot mal écrit se lisant quand même; le contraire du **dessin**.
6º S'écrivant, rapidement, à la **machine à écrire**, si utile aujourd'hui dans le commerce; sténographie de l'avenir, la plus facile, la mieux lisible, la mieux applicable aux **machines à écrire**.
7º Produisant à l'école 95 0/0, contre 10 0 0 de l'écriture **dessinée**.
8º Sténographie pour tous. **commerciale !**

STÉNOGRAPHIE UNIVERSELLE COMMERCIALE
PAR LA LANGUE FRANÇAISE UNIVERSELLE

FABLE

L. LABŪRŬR É CÉ-Z-ĂFĂ

Travalé, prené d la pèn ;
Cé l fŏ qi măq l mŏ.

Ŭ ric labūrŭr. çătă ca mor procèu,
Fi vnir cé-z-ăfă. lūr parla çă témŏ.
« Gardé-vū, lúr di-t-il, d vădr l'éritaj
Q nū-z-ŏ lécé no pară :
Ŭ trézor é qacé ddă.
J n cépa l'ădrŏ ; mé ŭ pú d qūraj
Vū l fera trūvé ; vū-z-ă vicdré a bū.
Rmué votr că dè q'ŏ ora fé lū :
Qrūzé, fūlé, bécé, n lécé nul plaç
Ŭ la mé n pac é rpac. »
L pèr mor. lé fis vū rtúrn l că,
Dça, dla. partū ; ci bic qu'o bū d l'ă
Il ă raporta davătaj.
D'arjă. pŏ d qacé. Mé l pèr fu çaj
D lúr mŏtré. avă ça mor,
Q l traval é-t-ŭ trézor.

Dans cette Fable, avec l'orthographe actuelle, il y a 592 lettres.
Avec la Sténographie Universelle présente, il y a.. 365   »
Différence en moins.......... 227 lettres.

Soit un 1,3 et 25 d'*économie.*

Économie de 227 lettres, de temps, de peine et d'argent.

Donc : je *donne* de *l'argent* par économie de temps. ⎞ L'*économie.*
  —   — de la *santé* par   —   de peine. ⎨ c'est
  —   et *lettres* par   — typographique. ⎠ *la richesse.*

PARALLÈLE-ORTHOGRAPHIQUE
D'ILLOGIQUE A LA LOGIQUE

Ancien.. . . . . Nous **portions** nos **portions**.
Nŭvo.. . . . . Nū portion no porcion.
Sténographie. nū portiŏ no porciŏ.

Ancien.. . . . Le vent **est** à **l'est**.
Nŭvo.. . . . . Le van è-t-à l'ést.
Sténographie. l vă è - a l'ést.

Ancien.. . . . Les poules **couvent** au **couvent**.
Nŭvo.. . . . . Lé pūle qūve o qŭvan.
Sténographie. lé pūl qūv o qŭva.

Ancien.. . . . Cette fille et son **parent** se **parent**.
Nŭvo.. . . . . Céte file é çon paran ce pare.
Sténographie. cét fïl é çŏ parᾰ e par.

Ancien.. . . . Les **fils** de la fileuse ont cassé ses **fils**.
Nŭvo.. . . . . Lé fis de la filŭze on qacé cé fil.
Sténographie. lé fis d la filŭz ŏ qacé cé fil.

Ancien.. . . . Nous **éditions** de nouvelles **éditions**.
Nŭvo.. . . . . Nu-z-édition de nuvèle-z-édicion.
Sténographie. nu éditiŏ d nūvèl édiciŏ.

Ancien.. . . . Je suis **content** que ces enfants **content** bien.
Nŭvo.. . . . . Je çui qontan q cé-z-anfan qonte bién.
Sténographie. J çui qŏtᾰ q cé-ᾰfᾰ qŏt biĕ.

Ancien.. . . . Ils **négligent** leurs devoirs: Philippe est moins **négligent**.
Nŭvo.. . . . . Is néglije lür devör: Filip é món néglijan.
Sténographie. is nglij lür dvor; filip é mŏ néglijᾰ.

PARALLÈLE-ORTHOGRAPHIQUE
D'ILLOGIQUE A LA LOGIQUE

Ancien.. . . .	Ils **violent** leurs promesses : c'est **violent!**				
Nŭvo..	Is viole	lúr	proméce :	c'è	violan.
Sténographie.	is viol	lúr	proméç :	c'é	violă.

Ancien.. . . .	Ils **excellent** à faire un mets **excellent.**				
Nŭvo..	Is éxcèle	à fère	un mè	éxcélan.	
Sténographie.	is exel	a fèr	ŭ mè	excelă.	

Ancien.. . . .	Ils me **convient** chez eux, cela me **convient.**				
Nŭvo..	Is me qonvi	êé-z-ú,	cela me qonvién.		
Sténographie.	is m qŏvi	êé-ú,	çla m qŏvič.		

Ancien.. . . .	Dans ce cas **différent** ils **diffèrent** d'avis.				
Nŭvo..	Dan ce qa diféran	is difère	d'avis.		
Sténographie.	dă c qa diféră	is difèr	d'avis.		

RÉSUMÉ :

Ancien.. . . .	Difficultés; obstacles infranchissables pour les étrangers.
Nŭvo..	Facilités, plus d'illettrés : propagation de la Langue Française … à l'étranger.
Sténographie.	Exercices phonétiques très utiles aux écoles : Sténographie pour tous! **Commerciale!** « *Le temps, c'est de l'argent.* »

Que faire?

Hercule répondit :

« Prends ton pic, et me romps ce caillou qui te nuit. »

« Aide-toi, le ciel t'aidera. »

LANGUE FRANÇAISE UNIVERSELLE
Langue **fraternelle** de l'avenir.

Nous extrayons d'une publication quotidienne des plus répandues l'article ci-après :

« Arriver à écrire comme on parle, arriver à ce que l'écriture soit, comme dit Voltaire, la peinture de la voix, telles sont les tendances modernes, telle doit être la langue de l'avenir.

« La brochure de JAQ GIRO, éditée par l'ancienne maison Quantin, sous ce titre : *Le Français, langue universelle par la simplification de l'orthographe,* donne la solution de ce problème ; c'est une méthode simple, facile à connaître en peu de jours, qui transforme la langue française en langue intelligible pour tous les peuples, et indispensable depuis la vapeur, l'électricité, le téléphone et la vélocipédie. »

Langue **fraternelle** de l'avenir
VÉLOCIPÉDIQUE

La plus facile et la plus rapide à apprendre.
« **Record** » de 90 0/0 sur toutes les autres langues.
Le **Vélo** sera le *trait d'union* de la langue universelle.
C'est par un **fil** que nous avons le téléphone.
C'est par le **Vélo** qu'on aura la langue universelle.

Fraternité aux Cyclistes du Globe !

M Q L T

EXTRAIT DU JOURNAL « *Correspondance générale de l'Instruction primaire* » :

PLUS DE DIPHTONGUES

3. *Plus de diphtongues.* — La grande difficulté pour apprendre aux enfants à lire, l'obstacle principal, c'est la *diphtongue*; c'est la pierre d'achoppement, le tourment des enfants. C'est l'ennemi le plus nuisible au développement de notre langue. Plus de diphtongue, plus de difficultés !

Dans l'orthographe (ne pas confondre avec la langue française), il y a trois sortes de *diphtongues*: consonnes-voyelles, — voyelles — et consonnes.

Voyez les conséquences de ces *combinaisons* de plusieurs lettres *pour une seule émission de voix.*

i devant **o** reste i: mais i après **o** devient a. Pourquoi? parce que **oi** forme *diphtongue*: c'est là l'obstacle. La diphtongue *dénature* la lettre. Comment voulez-vous que les pauvres enfants, qui sont logiques, s'y reconnaissent ?

Tout mot avec diphtongue est une entrave. La *diphtongue*, voilà un ennemi qui coûte cher aux enfants et à la France !

Dans la nouvelle méthode, la diphtongue est remplacée par une seule lettre invariable. *Pour une seule émission de voix, un seul signe,* par conséquent, *une seule lettre,* c'est logique. Exemple :

1° Dans **chapeau,** il y a deux diphtongues : **ch** (consonne), **eau** (voyelle).

Écrivons : **ĉ** pour **ch**; **o** pour **eau**; **ĉapo** au lieu de **chapeau.** Quatre lettres au lieu de sept : simplification, par conséquent facilité.

2° **Agneau,** deux diphtongues: **gn** et **eau.** Écrivons: **ñ** pour **gn**; **o** pour **eau**: **año** = **agneau.** Trois lettres au lieu de six; moitié moins de peine.

3° **Tailleur,** trois diphtongues : **ai**; **ill** mouillé; **eu.** Simplifions **a** pour **ai**; **l** pour **ill**; **ŭ** pour **eu**: **talŭr** = **tailleur**: sur **ŭ** accent aigu, et non grave, de droite à gauche, pour ne pas confondre avec le trait horizontal qui se fait de gauche à droite à la main rapide, sur **u** ou, sur **ŭ eu.** Cinq lettres au lieu de huit.

4° **Oiseau,** deux diphtongues : **oi**; **eau.** Écrivons : **ô** pour **oi**; **o** pour **eau**: **ôzo** = **oiseau.** Trois lettres au lieu de six; moitié moins de peine, sans compter la difficulté de s, qui devient dans ce cas **z.**

5° **Fourchette,** trois diphtongues : **ou**; **ch**; **et.** Écrivons: **ŭ** pour **ou**; **ĉ** pour **ch**; **é** pour **et**: **fŭrĉéte** = **fourchette.**

6° **Philippe,** deux diphtongues: **ph**; **ppe.** Écrivons : **f** pour **ph**; **p** pour **ppe**: **fílip** = **philippe.**

7° **Aient** pluriel, diphtongue de cinq lettres; rien que ça pour la seule émission de **è**!

Toute la méthode est là, dans ces sept exemples; c'est-à-dire 90 pour 100 d'économie de temps, de peines et d'argent.

Supposons que vous ayez à apprendre aux enfants, et même aux grandes personnes, l'arithmétique avec les chiffres romains. Vous n'y parviendrez que très difficilement, si vous y parvenez. Pourquoi? Parce que le chiffre romain est un composé de *diphtongues,* comme notre *chère* orthographe.

Quand supprimera-t-on les diphtongues dans notre orthographe comme on les a bannies de la numération écrite?

Aujourd'hui, par la marche rapide, vertigineuse du progrès, un an c'est un siècle ! Nous, qui ne sommes pas immortels, nous ne verrons pas la réforme, ni peut-être nos enfants non plus, mais enfin tôt ou tard on y viendra!

Jacques GUIBAUD.
(Jaq Giro.)

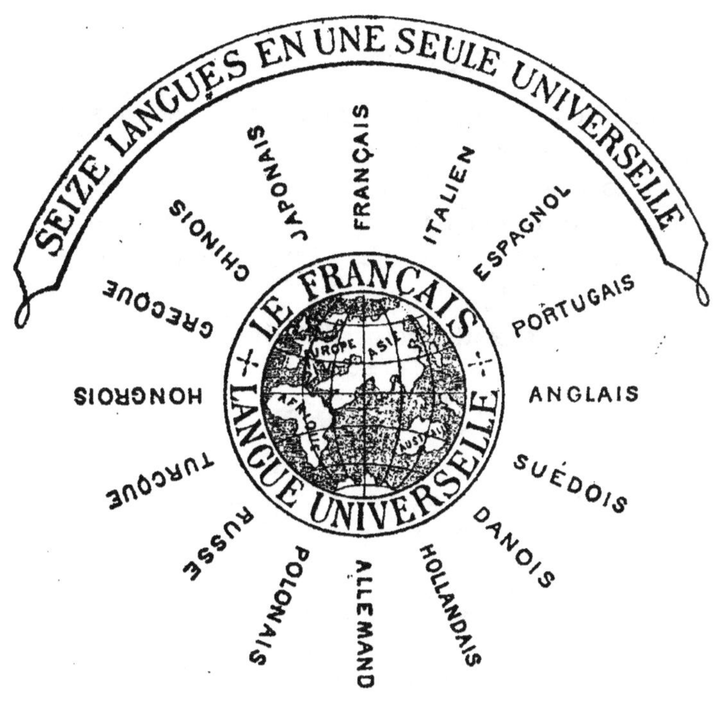

SEIZE LANGUES EN UNE SEULE UNIVERSELLE
LE FRANÇAIS
LANGUE UNIVERSELLE
EUROPE
ASIE
AFRIQUE
AUSTRALIE
CHINOIS
JAPONAIS
FRANÇAIS
ITALIEN
ESPAGNOL
GRECQUE
PORTUGAIS
HONGROIS
ANGLAIS
TURQUE
SUÉDOIS
RUSSE
DANOIS
POLONAIS
ALLEMAND
HOLLANDAIS
EQRITOFON - TELEFOGRAF

LANGUE FRANÇAISE UNIVERSELLE

Langue **fraternelle** de l'Avenir

VÉLOCIPÉDIQUE

La plus facile et la plus rapide à apprendre, « **Record** » de 90 0/0 sur toutes les autres Langues.

Le **vélo** sera le *trait d'union* de la Langue Universelle.

C'est par un **fil** que nous avons le Téléphone.

C'est par le **vélo** qu'on aura la Langue Universelle.

Fraternité aux Cyclistes du Globe!

M Q L T

NOUVELLE STÉNOGRAPHIE COMMERCIALE

sans transcription

Jeunes filles, soyez prévoyantes; apprenez la **Sténographie**
Jún   fil   çõié   prévõiăt   aprnó   la   stnografi

Universelle Commerciale, avec la machine à écrire :
univercél   qomercial   avéq   la   maĉin   a   eqrir :

c'est le meilleur des diplômes.
c'è   1   mélúr   dé   diplom.

L'avenir de la femme est là !
L'avnir   d   la   fam   è   là !

8860. — Lib.-Imp. réunies, 7, rue St-Benoit, Paris.